The Origin of Sculpture

Wang Yun

雕塑的起源

自由的眼睛与自由的选择

王　昀 著

中国电力出版社
CHINA ELECTRIC POWER PRESS

本书并非聚焦于雕塑的发展历程，

而是致力于探究一个对象物究竟在何时、处于怎样的条件下，

能够转化成为审美意义上的"对象物"——"雕塑"。

写在前面

首先需要声明的是：这里所谈及的"雕塑的起源"，并不是从史学角度来论述雕塑的发展过程，而是将视点锁定在"起源"这一问题点上。从"起源"出发，追溯形态发生的法则和原理，思考雕塑产生的现实性内涵是本书的主旨。

对"起源"的思考，实际上是立足于当代对远古的一种想象，其立场并不囿于线性的历史发展脉络，而是依靠人自身所拥有的远古记忆，努力去推想"起源"那个瞬间的状态，尽可能将自己拉回远古，感应雕塑产生的瞬间，推想远古时期产生雕塑的场景，感悟彼时那个"起源"的动机和瞬间。

之所以思考"起源"的问题，是因为今日所涌现的 3D 打印技术，事实上已使雕塑本身面临新的变革契机，过去那种通过雕塑家的手将对象物再现的手段和方式，正逐渐被 3D 打印所替代。伴随 3D 扫描仪器的出现，将对象物进行 3D 扫描并栩栩如生地打印出来的过程，已经变得非常容易和直接。尽管目前 3D 扫描和打印技术或许还有某些精度上的问题，但我们必须意识到，正如 19 世纪摄影的出现使人们对古典绘画产生了质疑一样，3D 打印技术的出现，同样使人们对雕塑的现状产生质疑。

迈入 21 世纪之后的雕塑将有哪些可能性？在我看来，从"起源"出发是一种理解未来的方法，通过想象今天和远古之间的关联，重新思考雕塑的可能性与出发点，是写这本小册子的动机。

本书分四部分：第一部分聚焦于"形态"与"凝视"的瞬间，尝试从人眼的形成与意识出发，探究"被凝视"状态的发生原理；第二部分探讨"形态"的两种制作方式，即雕塑产生的两种潜在可能性，并对劳动过程中周围已形成的形态与人之间的关联进行逻辑推理与论述；第三部分阐述建筑作为源自骨骼的巨大雕塑，鉴于建筑和雕塑在三维形态及人类创造属性上的紧密联系，深入剖析二者之间的可转换性，以及这种关联如何指向新的建筑与雕塑融合方向；最后，作者以远古起源的独特视角，对"雕塑"的起源进行还原性思考。

王　昀

2019 年 8 月 9 日初稿
2025 年 2 月 9 日修订

目录

写在前面

第一部分
"形态"与"凝视"的瞬间

眼睛的形成

英国生物学家安德鲁·帕克（Andrew Parker）在《眨眼之间》（*In the Blink of an Eye*）一书中指出，动物的眼睛最初源于石灰形成的结晶体结构。经过漫长的逐步演变过程，最终形成了如今我们所熟知的眼睛。其研究表明，至少在 5 亿 4300 万年前，眼睛发生了关键的变革，此后生命形式呈现出爆发式的增长态势。

之所以在探讨雕塑起源时首先提及眼睛的起源，是因为雕塑是一种视觉艺术形式，而眼睛是我们观察"对象物"，包括观察雕塑的核心器官。因而在深入研究雕塑起源的过程中，追溯至 5 亿 4300 万年前形成且用于观看雕塑的眼睛是十分必要的。当然，眼睛的确切起源时间目前仍处于研究探索阶段，尚未有定论，存在一定的争议。但从溯源的视角来看，眼睛的起源无疑是视觉艺术研究中不可或缺的重要考察内容。可以确定的是，雕塑的产生必然在眼睛产生之后，确切地说，是在 5 亿 4300 万年前之后。

"意识"与"意识到"

当眼睛作为观察对象物体的人体器官形成之后，人类运用这一器官面对"对象物"时，能否"意识到"这些"对象物"以及它们所蕴含的价值，便成为一个至关重要的问题。

在生物界，意识是否广泛存在，至今尚无确凿定论。例如，植物是否有意识，由于人类无法与植物进行有效的交流沟通，所以难以对此作出准确判定。除人类之外的动物，如猪是否有意识，同样因为人类无法了解其语言与交流内容，因而也难以给出绝对的结论。尽管某些动物展现出了一定的模仿能力和较高的智商，甚至能够建造巢穴，如乌鸦、大亭鸟等，但这些行为是否真正属于意识活动，在此暂不做深入讨论。在我看来，"意识"与"意识到"实际上分属于不同的层次。相较于"意识"而言，"意识到"才是艺术得以产生的关键契机。这种"意识到"的能力是人类所特有的，具有"领会"的深刻含义。它体现为观者与所观"对象物"之间的呼应，是"对象物"对观者的一种"召唤"，进而引发观者内部机体与外部"对象物"之间的共鸣，而这恰恰正是审美与艺术创作的起源所在。

换句话说，如果对"对象物"仅仅进行功能性的观看与认知，那么它就仅仅只是一个普通的物体。然而，一旦"对象物"能够产生新的内涵，便意味着开启了一种全新的可能。作为高级动物的人类，如果没有"意识到"某些关键因素，雕塑便无从谈起其起源。因为雕塑与观看者的意识之间存在着紧密的联系，倘若观察者无法从对象物中"看到"某种特定的意象，那么雕塑就仅仅是一个单纯的客体存在。而当意识中"意识到"情感呈现时，"对象物"便会通过眼睛这一器官投射到大脑之中，从而使观看者产生感官上的愉悦、身体上的共振，并且在对"对象物"进行观念赋予的过程中获得新的感悟。

"意识到"与"凝视"

难以确切知晓人类究竟何时开始具备了"意识到"的感

悟能力，能够从周遭环境中发现并"意识到""对象物"具有超越其本身的特殊含义，也不清楚人类在何时开始将那些司空见惯的"对象物"视为特殊存在来进行观察审视，以及何时将其从原有的环境中抽离出来，切断其固有的逻辑关系，并将其放置于新的环境并赋予新的内涵与关联。这种对"对象物"的抽离与切断行为会引发人们内心产生"为什么"的疑问，而这一疑问的产生实际上标志着对"对象物"重新审视的开端。这一充满疑惑、百思不得其解的过程，便是"凝视"的起始阶段。

简而言之，"凝视"就是将那些"意识到"的"对象物"从日常的环境中剥离出来，转移至一个全新的环境之中，将"对象物"本体看作孤立的主体，从而引发人们的关注与思考，形成一种互动的状态，进而产生"谛视""审视""注视""凝睇""凝望"等聚精会神观看的行为状态。

因此，若要营造出"凝视"的状态，首先就需要切断"对象物"与"日常"之间的联系，打破人们对其习惯性联想与连带关系。倘若"对象物"具有其固有的功能，人们通常会以习惯性的视点去看待它，将其置于"日常"的环境中，在这种情况下就难以产生"凝视"的欲望。只有打破这种固有的联系，将"对象物"转移至一个新的环境之中，才有可能产生"被凝视"的契机，进而使人们发现"对象物"不为人知的一面，拓展其意义层面，实现意义的嫁接，即前文所述的"意识到"的状态。

将"对象物"进行"切断"和"抽离"并放置于新环境

中的操作，是产生"被凝视"可能性的关键所在。当观者发现"对象物"出现在一个"非日常"的场所时，便会对其格外关注，而这种格外的关注便是"凝视"的起始点。

"凝视"与"距离"

当人类对面前的"对象物"有所"意识到"时，往往会下意识地做出一个动作，那就是伸开手臂将"对象物"拿在手中，以此来增大"对象物"与眼睛之间的距离。这一行为在不经意间使得对象物脱离了其原有的环境，同时也使人们能够以新的视角和距离对其进行"凝视"，实际上这是促使"对象物"形成"被凝视"状态的一种本能反应。

这种距离感并不仅仅局限于物理层面，更蕴含心理层面的意义，正所谓"距离产生美"。当我们将平时经常拿捏的东西伸远并对其进行"凝视"与"观察"时，这一"对象物"便跳出了日常的范畴，从而成为艺术的对象物。当"对象物"跳出日常性的同时，也开启了"命名"的进程。当"凝视"发生转化时，命名的动机也随之产生。从这个角度来看，"命名"其实也是一种"凝视"，它是从语言层面重新定位"对象物"的一种手段。

艺术起始于对"对象化物体"的"凝视"，关键在于使对象物脱离原有的环境，通过改变其位置、标高或所处环境等方式，使其成为"被凝视"的对象。将普通的物体放置于"非日常"的位置，使其与自身以及周围的日常事物产生一定的距离感，这是艺术形成的一种较为便捷的途径。

周遭"对象物"的发现

早期，人类对周边的事物关注度相对较低，在长达上亿年的漫长岁月里，人类所生存的环境中积累了大量的遗物、动物的尸骨以及人类自身的骨骸。尤其在人类开始使用火之后，周边更是常常布满了吃剩下的动物骨头。这些骨头在当时被视为垃圾，但从另一个角度来看，它们也是"前雕塑"的一种存在形式。因为这些骨骸本身具有一定的形态，并且处于一种等待被发现和命名的状态。尽管我们无法确切知晓当时的真实场景究竟是怎样的，但我们仍然可以通过想象来进行一定程度的还原。

假设我们身处远古的山洞之中，以打猎为生，山洞的外面是历经数十亿年岁月形成的大自然，山水树木之间野兽频繁出没，在大自然的各个角落也必然充斥着不少死去动物的遗骨。某一天，当人们饱食之后，突然有人从那些已经习以为常的"废弃物"中拿起一块骨头端详，在端详的过程中好像从中"意识到"了某些特别之处，随后便将其移至另外的环境之中，使其脱离了原有的环境，在这个时候，实际上就已经开启了对象物的"被凝视"过程。

在距今 60 多万年北京山顶洞人曾经生活过的山洞里，考古挖掘现场充分表明山顶洞人已经开始对小鱼骨进行"选择"和"凝视"。他们在动物的牙齿和骨头上钻孔，并将其串接起来，制成装饰物。这种举动表明，当时的山顶洞人已经能够从吃剩下的骨堆中发现其具有的特殊意义。他们挑选骨头的过程便是"凝视"的开始。当他们用线绳穿过这些骨头，将其串起来的时候，这些骨头实际上就已经成为对象化的物体，而这本身就是雕塑最为远古的起源表征之一。

被"凝视"的熊头颅骨骸

大约在四万年前走出非洲并分散于世界各地的被称为"智人"的人类祖先的后代，在世界各地留下了一系列的"痕迹"。其中在法国的肖维岩洞，有一个现象格外引人注目：在岩洞墙所围合的一个向心空间中的台子上，放置着一个熊头骨。据考古学者研究表明，这个熊头骨似乎并不具有宗教祭祀意义上的明显意图。但是，为什么要在空间中间放置这个头骨，并且将其放置在一个台子上，头骨的方向朝向洞口的意图尽管目前尚未完全得知，但这种摆放动物头骨的方式，客观上营造出了一种"凝视"的氛围（图1）。

这种摆放方式与现代美术馆展览雕塑的台子与神庙、庙宇内部的布局有着惊人的相似之处。在美术馆中，通常会在展厅内四周悬挂绘画作品，展厅中央放置台子，上面摆放雕塑。在神庙或庙宇中，四周墙壁上常绘制壁画，将神像放置在中间。其目的都是为了引发人们的"凝视"，使观者与雕塑、雕塑与壁画、雕塑与观者之间形成一种互动。进一步仔细观察还会发现，肖维岩洞中台子上摆放的熊头骨面朝着洞中的壁画，似乎是在观看着这些壁画。由此可见，在当时，人们已经开始将动物的骨头作为一种"凝视"和"欣赏"的对象，这无疑是雕塑起源的一个有力旁证。

应该说，以上对于肖维岩洞中台子上摆放熊头骨这一现象的描述，一定程度上基于推理和想象。而"熊头骨"被"凝视"的一瞬间，极有可能就是"雕塑"开始的起点。

至此，或许有人会说，肖维岩洞中台子上摆放熊头骨的那一瞬间，当事人或许并不清楚究竟是出于怎样的目的。然而，从客观角度来看，当一个日常物品被摆放在台子上，供人对其审视的时候，实际上就已开启了"审美"的状态。而作为审美的"对象物"，并不局限于骨骼或头骨，只要是一个三维的对象物，其就可以被视为雕塑。

被"凝视"的"石器"

让我们继续之前的远古想象。在山洞的生活中，人们每天都会宰杀狩猎来的动物，然后用火烧烤它们。由于人类咬合力的局限，只能将动物的肉吃掉，剩下骨头堆积在旁边。此外，在切割肉的时候，人们所使用的并不是我们今天司空见惯的锋利刀具，而是用石头敲打雕凿出来的石器。这些用来打造工具的石头是从大自然中挑选出来的，其过程大致如下：首先在大自然中寻找，如果能够找到直接可以作为工具使用的石头，那就直接使用；如果无法找到锋利的石头，人们就会寻找一些容易摔碎并能够形成锋利形态的石头，对其进行摔打，或者用石头相互撞击、敲打，从而产生可供人们使用的新工具。

当人们使用这些石器切割完动物后，突然发现手上这个作为工具的"石器"好像也在"诉说着"什么。在这一瞬间，人们"意识到""对象物"在"诉说着"某种特别之处，并

图 1　法国肖维岩洞内台子上放置的熊头骨

图 2　一个扔到地上的纸团"被凝视"的瞬间

且与自身产生了一种互为关照、互为愉悦的状态。事实上，此时石器本身就已经成为"对象物"。

尽管上述的"意识到"，以及开始进行"凝视"的具体时间点尚无法准确断定，但我们今天可以从身边的"日常"进行观察，看看是否会有"意识到"并开始对其进行"凝视"的动机出现。应该说，当我们"意识到"某些事物的时候，就是"意识到"并进行"凝视"的开始。

这种"意识到"的本身，蕴含着向"对象物"进行"凝视"的冲动，而拥有这种冲动，才有可能导致后来长时间向"对象物"进行"凝视"。这既是审美的开始，也是审美的过程。由于观察者意识到了"对象物"本身在"诉说着"什么，这实际上是一种"生命体"间的互动。从表面上看，"对象物"本身或许并不存在生命，但在有生命的主体的"凝视"下，生命仿佛被注入到了这个无生命的"对象物"中，或者说，是向其中赋予了生命的意义。

"凝视"是将"日常对象物" 艺术化的过程

肖维洞穴中将熊头骨摆放在一个台子上的做法，客观上展示了一种将"日常"快速转换为"非日常"的简单而有效的方法。也就是说，当一个日常的对象物被放置到台子上的时候，其所具有的日常性意义便会在瞬间发生转化。由于台子本身脱离了周围环境，并产生了一种与周围不同的异质界面和新的环境，因此，当将"日常对象物"放置到非日常的台子上时，其会在瞬间转换成为被凝视的对象。例如，图 2

所展示的是在一个方体台子上面摆放着的一个原本扔在地上的纸团,当纸团落在地上的时候,它就是一个要被扔掉的垃圾,然而一旦将它放置到方体台子上,纸团瞬间就转换成被"凝视"的"对象物",成为受人们关注的客体。这种操作,实际上就是前面所谈到的"凝视"与"距离"的具体体现。它是一种将"日常对象物"进行艺术化的操作过程,也是一种能够瞬间产生"雕塑"的有效途径。

值得特别指出的是,在整个过程中,台子起到了至关重要的作用。如果没有台子的存在,所有的东西都只是摆放在人们习以为常的位置和场所,仅仅是一个常态的、实用的"对象物",无法被关注和"被凝视"。而一旦有了台子,或者拥有了将用品进行隔离的其他有效途径(比如通过墙体或门板,使人们能够看到另外的空间但又无法直接触及,也会起到同样的效果)。即便"对象物"仅仅只是一个普通的物体,一旦将其放置到台子上,它便会拥有不同于其日常生活场景的呈现方式,从而成为引起人们专注的审美对象。正如前面所谈到的,一个人们习以为常的"对象物",当它被选出、拿起并离眼睛有一定距离的瞬间,其实就是"对象物"成为艺术品的瞬间。在中国民间,有所谓能否"上台面"的说法,这里的"上台面"在此可以理解为"对象物"能否被审视,或者说能否值得"被凝视"。

由此可见,这就是雕塑的产生过程。当人们在荒野中,从众多石头、植物等"对象物"里,将某个"对象物"从其原本的位置上脱离,将其放置到与之前所处环境截然不同的新环境中的那一刻，该"对象物"便拥有了全新的场景。此时，它便具备了被审视，也就是"被凝视"的价值。而一旦它成为"被凝视"的"对象物"，实际上就已经进入了艺术的范畴，会被人们解读，并引发观众的思考，进而成为艺术作品。雕塑便是如此产生的。

也许正是因为这种被审视的特性，在历史上的许多绘画作品中，常常会出现动物或人的头颅、头盖骨。它们因为经历了这种"被凝视"以及被纳入画面的过程，从而进入了审美的范畴，成为艺术表达的一部分。

第二部分
"形态"的两种制作方式

如前文所述，一旦"形态"被"凝视"，"雕塑"在某种意义上便已达成。被凝视的形态无疑是成就"雕塑"的关键要素，无论其是否经历过传统意义上的"雕"或"塑"，只要具备一定形态，哪怕只是从现实中筛选出的"对象物"，一旦完成"被凝视"这一动作，即可视为雕塑的起源与艺术的发端。然而，鉴于传统雕塑概念与人类的塑造行为紧密关联，在此有必要对雕塑行为展开进一步的深入探讨，以便更深刻地理解雕塑的起源问题。需着重强调的是，雕凿工具本身并非雕塑，唯有雕凿"对象物""被凝视"的瞬间，才真正实现了对象的雕塑化。

"骨头"与"石头"的并用

美国考古学家布赖恩·费根（Brian M.Fagan）在所著的《世界史前史》（*World Prehistory: A Brief Introduction*，7e）之"最早会制造工具的人类"章节中，对石器的产生有着如下判断：约 260 万年前，通过敲击两个石块获取的简单石器现身于东非……在东图尔卡纳地区和奥杜瓦伊峡谷还发现了与之伴存的动物残骨。在原始时期，存在着一个石与骨并用的阶段，在此期间，若能便捷地使用骨头，人们便会优先将骨头作为主要工具；而当骨头无法满足需求时，则需打造石器，且需依据使用目的制造出合适的工具。石与骨的交互使用揭示了一个饶有趣味的现象，即骨头在当时确实充当过工具，而这两种使用方式也体现了满足人类需求的两种途径：其一是选择（从动物遗骸中挑选可用之物），其二是动手打造出原本自然界中本不存在的东西。事实也的确如此，诸如在骨头上钻孔制成骨笛、串起骨头作为装饰项链，以及在拉斯科壁画所在洞穴中发现的在动物骨头上进行雕刻等行为，均属于选择的范畴。

在动物骨头上进行刻划时，引发了另一个值得关注的问题，即为了能在骨头上成功刻划，必须采用比骨头更为坚硬的石器，这充分彰显了骨与石之间的互补关系。

针对骨头所采用的"选择法"

将大自然中的对象物加以改造，使其成为可供人类使用的物品，这一做法一直延续至今。例如，用葫芦作为盛水容器、竹筒当作蒸饭工具、竹子制成锋利武器、动物肾脏充当水壶等，诸般做法皆是人类运用"选择"与"发现"手法的体现。而从日常"对象物"中挑选出"被凝视"的"对象物"，同样也是"选择法"的运用。延续至现当代，比如法国艺术家杜尚的艺术作品，传统中国园林对太湖石的选择等，这些都是人类将"对象物"艺术化的习惯性制作方法的延续。

这种方法的核心在于，面对生活周遭的一切事物，从大自然所形成的众多既有形态中，挑选出符合审美规律的物品，将其作为满足生活需求的用具。人类面对并开始意识到周围事物之前地球上积累下来历经数亿年的生命遗存，如动物骨骸、海螺、贝壳等，尤其在意识到"骨骸"的功用后，骨头便成为可重新组合和创作的对象，如用作丈量工具的骨尺、制作音乐的骨笛、骨哨等。这些均是人类在意识到骨骸价值后对其加以应用的实例。

针对石器所采用的"选择法"

在原始时代，石器的产生过程与骨头的选择类似，同样存在"选择法"。选择法的本质是从自然物中探寻符合自身观念的"对象物"。

有时，人们从自然中挑选一个"对象物"后，稍做打造便能使其符合自身要求，进而获得一种"宛自天成"的效果，这在远古时期生产力较弱的情况下，是一种常见且易于采用的方式，当然也属于"选择法"的范畴。

对于一块天然石头而言，不太可能从一个巨大的石头上逐步打造成一个手握舒适的状态，其产生过程通常是人类先从众多石头中挑选出一个感觉大致合适的，然后针对此石进行适度打造，使其变得锋利或易于把握，最终成为有用的工具。由此可见，从周边寻找符合手握感觉舒适的对象物至关重要，毕竟手握的感受与人类自身密切相关。

"打造"石器是一种"意图"和"意志"及"观念"的表述

为了实现手握合适及使用方便的目的，人类需要对"对象物"进行塑造和修整，这一过程明显体现出明确的目的性。不妨简单设想早期人类打造石器的过程：首先，人类从自然中寻觅一块看似有打造为工具潜力的石头，接着将其敲打成工具石器。在此过程中，当人类拿起石头用力摔在地上使其崩裂，或用一块石头敲打另一块石头时，这两种行为都具有强烈的目的性。换言之，在进行这些动作之前，人类大脑中已然对结果有了初步的想象和预设，并据此期望石头形成与其自身期望相近或相似的形态，从而满足自身需求。尽管在实际操作中，拿起石头砸向另一块石头，结果往往具有偶然性，可能符合要求，也可能不尽如人意。同时，尽管人类用力摔砸石头的举动与动物摔东西（如猴子砸坚果）看似相似，都是双手用力去砸，但二者存在本质区别。猴子的行为更多只是出于本能，而人类从众多破碎石头中挑选出符合需求的小石头，实则是一种"选择"行为，且在"对象物"呈现后，还需依据自身观念进一步筛选，使"对象物"不断接近自身观念中的形态。

针对石器所采用的"打造"与"雕凿"

上述用手敲打造型的方式与简单敲打有着显著差异，因为这种敲打更具可控性。确切地说，敲打及打造的做法是为客观世界创造出一种在非客观世界中潜在存在的形态，即产生一种全新的、自然界中原本不存在的、属于人类观念中的形态。这种形态并非既有的，而是瞬间创新的产物。

在这个形态生成的过程中，人类大脑中实际上已有一种预设的结果存在，或者说是以实用为目的的存在。而打造石器的过程，就是为了实现这个预设目的，去除不必要的部分，使对象物成为工具（图3）。在敲打的过程中，人类将自身的判断投射到对象物中。

由此可见，人类制造工具的过程，无论是"打造"还是"雕

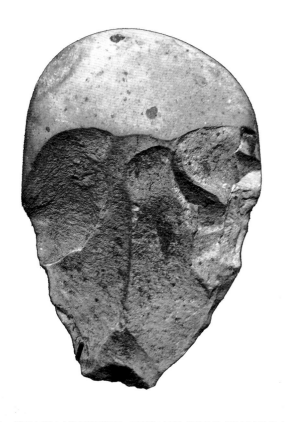

图 3　郧县人遗址中发现的石制品，石制的工具和原料均为当地河滩的砾石

凿"，都是从无到有的过程，是通过手的操作将一个对象物转变为另一个对象物的过程，此过程彰显了人类意志的主导作用。

这种自远古石器时代就已存在的人们制作工具时的"打造"与"凿雕"做法，与当今雕塑家的工作本质相同，也与工匠打造石头、进行雕塑的过程一致。无论是将自然形态的石头雕凿成工具，还是对用于砌筑的自然形态的石头进行边角修整使其严丝合缝，客观上都是在进行雕塑活动。而这种用工具打造"对象物"的雕塑活动，不仅是工匠追求美的自然下意识体现，更重要的是，当人们加工"对象物"时，如果心中怀有对美的期待，那么打造"对象物"的过程就会成为一种审美行为，也就是雕塑的开端，这种雕塑的行为在人类历史中极为普遍。

"选择""打造"与"雕凿"三种雕塑法

雕塑形态的产生方式与之类似，一种是雕塑家依据自身观念在大自然中进行选择，即从周围的木、石和动物骨头中挑选出能够表达自身观念的形态；另一种是创作者根据自身的观念欲望，通过雕与刻使对象物体符合自身观念。由这两种态度直接导致的结果在远古时期就已十分清晰。与从现实中选择"既成品"不同，雕塑的制作实际上还有另外两种加工和制作方法："打造"和"雕凿"。

或许原始人在打造工具时并无制作雕塑或创造美的明确意图，但人具有"选好"的倾向。客观上当石器符合我们的需求，人们使用中感觉舒适时，实际上就已经赋予了其美的内涵。

这种状态与建筑师的设计方法相契合，即可以利用既存的空间形态创造出意想不到的空间，使这些看似普通的空间成为新的对象物，进而从中寻找符合自身观念的对象物。

"选择法"与"雕凿法"的混用

前文已经提及两种制作工具的方法，即："选择法"和"雕凿法"，接下来还有一种将二者叠加的方法，就是"选择法"与"雕凿法"的混用。

1987 年在石家河邓家湾天门出土的一系列陶土雕像中，有一个陶象堪称这两种方法结合的典范。这个属于新石器时期制作的陶象，巧妙地"选择"并使用了了真实的动物牙齿，将其作为陶象的腿和象牙。这种使用"既成品"的方法与肖维洞窟中的熊头骨放置方式异曲同工。肖维洞窟中的熊头骨放置在台子上，而陶象则采用借用的方式，将动物牙齿用于小象雕件上作为牙齿和象腿（图 4）。二者的不同之处在于：这一牙齿造型是从现有实物中"发现"并直接"获得"的。它表明早期人类从动物骨头上找到了造型的原点，并开启了运用造型去发现和表达周围事物的方式。这种方式后来被杜尚再次发现和运用，将对对象物的选择法推广开来，成为一种全新的创作方式。

"选择"打造出的对象物对其"凝视"及"雕塑的诞生"

上述"选择"与"雕凿"结合的方法在历史上屡见不鲜。

在新石器时代和旧石器时代，人们通过敲打使对象物符合自己头脑中的观念想象，这是一种创造性活动。与此同时，大自然中现成具有形态的东西，如中国考古学家裴文中在《旧石器时代之艺术》一书中提及的骨针，以及在犬齿、鹿的上犬齿上钻孔制作的骨头串饰、山顶洞人使用的鹿角棒骨针及贝壳等，均已构成审美对象物。

除了大自然提供的客观形态外，人类在生活中与其他动物的最大区别在于，人类会伴随自身生存过程产生并留下一系列由人工打造、制作的不同于自然存在的新形态。也就是说，人类除了面对现实中客观存在的树木、山石以及动物骨骸等形态外，还需面对一系列前人所制作的、经人工打造产生的形态。这些由人类制作的形态与自然界原有的形态一样，共同成为可被"凝视"的对象物。换言之，除了第一部分中谈到的对骨头和石器的"观察"与"凝视"完成雕塑"凝视"瞬间外，那些可"被凝视"的"对象物"还包括日常性的、由人类自己制造的工具等。

"日常对象物"因"凝视"而形成的转化

人类从所敲打出的工具中挑选出可被凝视的对象物，通过"凝视"，使原本的日常用品或用于表达观念的物品让他人能感受到美，产生共振或共鸣，实际上感受到的是制造者和观赏者作为人类所共有的气息。制作出能打动人的对象物的人可称为艺术家，不过有些时候，有些人或许并不知晓自己制作的东西具有打动他人的魅力，其制作初衷可能只是打

图 4　将其他动物牙齿用于小象雕件上作为小象腿和小象牙齿的雕塑

造一个工具。而从中发现美的人则是评论家、鉴赏者或艺术家。

必须指出的是，对于艺术家而言，他可能并不清楚在发现一件艺术品时该艺术品的初始使用功能是什么，因为艺术家欣赏对象物并非基于使用功能，而是源于精神层面的感动。就如同在现代生活中，我们原本使用普通咖啡杯或茶杯即可，但却常常会被其他设计精美的杯子吸引而购买，买回来后却将其用作笔筒或摆件。表面上看，我们似乎只是想"拥有"或"占有"该"对象物"，但其本原原因是它能带给我们"愉悦"的心理感受。这是一个将具有普通使用功能的"对象物"转换为精神层面审美对象的典型例证，也是艺术品脱离使用功能的常见情形。

艺术并非必须"为艺术"而创造，而是在"做"的过程完成后，从结果中发现具有打动人之处，经过选择后才成为艺术。但这个选择过程与个人密切相关，这反过来也说明艺术家为创作而创作的行为实际上并不存在。艺术本身是从一系列所做结果中进行选择的行为，从这个意义上说，即使是伟大艺术家所创作的众多作品，也并非全部都是艺术品，只有被挑选出来的某一件才能称为艺术品。建筑亦是如此，为建筑而建的建筑往往并非真正的建筑艺术。

人类早期通过打造石器满足使用需求，雕凿法则是敲打石器使形态符合需求的一种方法。

随着技术的熟练，人能够轻松地使对象物符合自身设想，这成为后期雕塑的特征。在这一过程中，"敲打"（即"雕"的过程）和"选择"这两种动作起着关键作用，"雕"和"选择"与意识之间存在互动关系，而这种关系正是雕塑家的工作内容。他们在"盲目"或"不经意"间面对或发现新形态时，很多情况可能是偶然的，但正是这种偶然性为人类后续的观念性"选择"或"观念赋予"提供了全新的可能。正如在第一部分所提及的，古人生活中周围充满了可被赋予雕塑意义的对象物，就像米开朗基罗在美第奇家堆满古希腊雕像的院子里发现古希腊雕像之美，并将其作为自己雕塑的范本和模仿对象一样，早期人类周围堆满了动物和人类的骨头，这些骨头既是雕塑的范本，也是工具。对于那些周围满是骨头遗骸的原始人来说，头脑中产生关于"骨头"的诸多想法是很容易理解的。这些形态也成为我们今天大脑中的远古记忆，以至于我们能从出土的原始人头盖骨形态中想象出其为现代火车站的原型（图5）。

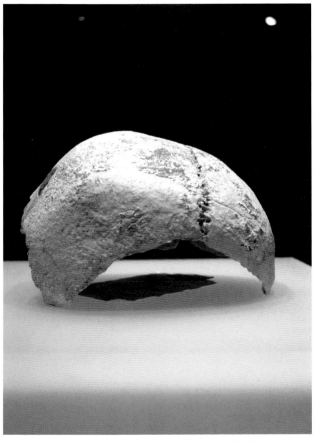

图 5　出土的原始人头盖骨形态引发其可成为现代火车站的原型的想象

第三部分
建筑——
源起于骨头的巨大雕塑

作为人类早期住宅的猛犸象内腔

在乌克兰第涅伯河（Dnieper River）畔的梅兹里克（Mezhirich），有一个椭圆形圆屋顶建筑群营地。此地的建筑采用猛犸象骨搭建而成，每栋建筑的椭圆顶直径约4.8米，屋顶覆盖着动物皮子和草皮，并设有一个地下式的房屋入口通道。据美国考古学家布赖恩·费根（Brian M.Fagan）在所著的《世界史前史》（*World Prehistory: A Brief Introduction*，7e）记载，这些建于公元前16000年的乌克兰境内的5座猛犸象骨住宅，以巨大的猛犸象骨架为支撑。特别值得关注的是，直径约4.8米的椭圆顶与猛犸象身体的维度相契合，其内腔即为房屋空间。

利用猛犸象骨头搭建建筑的做法不难理解。猛犸象体格庞大，高度可达3米多，其身体肋骨间包裹内脏的空间较为宽敞，如同室内空间。笔者曾前往国家自然博物馆参观猛犸象骨骼，其整体高达七至八米，且外部骨骼坚固，构成了天然的建筑屋顶。仔细观察会发现，这个天然屋顶还有主梁（脊骨）、次梁（肋骨）之分，俨然一个完整的天然房屋建筑，还天然地包裹着内部空间。

尽管骨架高度有限，但这并未阻碍人类利用其内部空间的想法和设想。人类在建造时会在大地上向下挖一段，以保证室内活动高度，如仰韶文化中的半坡遗址建筑（图6）便是如此。挖的举动，实际是在大地上形成了一个浮雕。如今我们仍能看到的北京古崖居、河南和陕西的窑洞等，也都是类似的建筑行为。

图 6　仰韶文化的半坡遗址中的建筑遗迹客观上构成一个"盲目的雕塑"

同样耐人寻味的是，中国传统木结构住宅与骨头侧面形态相近，有着高高的脊，似乎表明住宅屋脊形态与动物身体骨架形态同源。在汉字中，甲骨文和金文的"宅"字，特别是篆字"家"字的意象（图7），以包裹式的两面"弧"构成，更像是动物骨骼的断面形，是对动物身体形态的模仿表达。象形字"宅"似乎描绘着猛犸象骨头剖面及中间有人躺着的状态，暗示着猛犸象骨制作的帐篷的存在。整个字形就像一个巨大的猛犸骨架（图8），上面覆盖猛犸象皮，人居住其中。

图7 篆体："家"字

正是凭借猛犸象内腔这样的住宅，人类度过了数次小冰河时期。不难想象，建造房屋需要大量猛犸象，这可能导致了猛犸象的迅速灭绝。到了公元前11000年左右，在无猛犸象可用时，人类改用树枝代替骨头建造房屋，并覆盖树皮。此后，动物骨架转换为木结构房屋的建造方式，且至今木结构房屋仍保留着动物骨架的特征，如以脊骨为主梁、肋骨为次梁和柱廊结构。此外，建筑世界中存在侧向进入和面对房屋进入两种进入方式，如今我们习惯的方式与侧向进入方式不同，猛犸象骨选择法的使用或许就是许多传统民居住宅中采用"端头侧面"进入方式的源头。

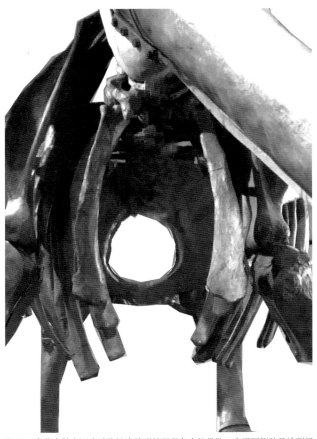

图 8　　在北京的中国古动物馆中陈列的猛犸象内腔骨骼。由于两侧肋骨排列紧密，只有前后两侧有可以让人进入的可能

而这一切都体现了人类对大自然规律和法则的模仿，在汉字书法中"骨架"的说法表明了汉字与动物骨头的关联，在建筑中的结构"骨架"二字也说明了结构与骨头的关联。人类从洞穴中走出后以骨头搭建建筑的举动，与今天体育馆、大跨度结构从生物学上探讨的做法有着相似之处。

猛犸象骨与三角屋顶和柱廊的联想

若说人类最早的建筑是动物骨架支撑的腹腔，那么由动物腹腔转化的空间便是除天然山洞外的天然房屋。这种天然房屋类似前面提到的"夹叙夹议"的构成方式，主体依靠天然，加上人工雕凿搭建的观念，使得建筑空间得以完成。

在此，动物肋骨天然的均匀排列、间距及构成关系，构成了建筑的屋架和柱廊。可以说，正是动物天然骨骼构架中的韵律关系，形成了柱廊的间距韵律感，并决定了后来建筑的结构和形式样式。

实际上，作为动物肋排的柱廊和端头进入的房子在建筑历史讨论中十分重要。从侧面进入和从正面进入的问题一直是个谜，若将其与猛犸象骨转换为建筑的过程相联系，便容易理解。因为侧面进入保持着动物的原始感觉，而如今将动物身体侧面作为建筑正面的理解与原始感觉有本质不同。雅典卫城的帕特农神庙可能就是动物骨骼正立面作为建筑立面观念的习惯性延续。

动物的骨骼与建筑的结构

动物身体转化为建筑清晰地表明了骨骼与建筑的直接关系，也证明了建筑三角形屋顶来源于动物脊背形态。

如前所述，由于动物身体前后开通、两侧由肋骨封闭，早期住宅大多从端头进入。动物身体的比例关系，尤其是宇宙法则中的黄金比，在转移到建筑时也一同被传承，且在建筑发展中起决定性作用，这与建筑构造的"模仿说"产生了关联。当猛犸象住宅因象体尺度有限无法满足大家庭需求时，人们拆分骨头重新搭建，为后来木材模仿动物结构提供了参照模式。

此外，猛犸象尾骨后的圆洞从正面看像教堂两边有柱廊、远处有高侧窗（参见33页图8），其均匀排列的造型关系为人类提供了优秀的模仿范本。这种模仿表明建筑模仿了动物身体的结构构造关系，确切地说，建筑的构造是动物构造的转化（图9）。

大地上的盲目雕塑

人类巧妙利用动物内部空间居住在其腹中是聪明之举。但因高度不够，人们会顺势向地下挖以增加层高，"地下式的进入房屋的入口通道"便是这种思考的体现，且与早期穴居相契合。穴居可能并非因无木头而向地下挖，更可能是在无法搭建前适应现有建筑材料高度，或者是早期用动物骨头建房时为保证室内高度形成的习惯。这种习惯一直延续，即使后来不用骨头，人们仍保留向下挖的居住传统，在大地上留下了盲目状态下的浮雕（参见 31 页图 6）。之所以称其为盲目浮雕，是因为人们建造时并非有意为之，而是其他行为留下的类似"划痕"的结果。

如今常见的建筑仍有猛犸象构造的痕迹，如以四个腿支撑、在合适高度搭楼板，人们在腔体内生活，如同在腹腔中。这或许是动物身体带给我们的启示，也可看成仿生学建筑思维的源头，其根源是建筑理解层面的远古基因的延续。

雅典卫城的台地与对"巨大的骨骼"的"凝视"

动物的骨骼与建筑的联系可以产生一系列有关建筑"起源"问题的联想。巨大的骨骼就是巨大的建筑，反之亦然。将肖维洞窟中台上的熊头骨与雅典卫城的空间关系对比，祭祀和宗教的延续性一目了然。雅典卫城上如动物肋骨排列的柱廊神庙建筑，就像熊头骨的化身。与熊头骨摆放不同的是，山洞内是小台地上的小头骨，雅典卫城是城市尺度山丘台地上的几个巨大骨架式建筑。这种摆放唤起崇高感，是人类内心构造关系无意识的延续。

实际上，将骨头作为审美对象的建构还原了建筑的原始感觉。乌克兰穴居人用猛犸象骨搭建的住宅旁证了建筑的雕塑性格，就像 19 世纪西班牙建筑师高迪的建筑作品中如骨骼的雕塑起伏，是对骨骼的远古追思。

将熊头骨放在台上和将神庙放在台上都体现了"被凝视"的意向，是普通房子对象化的开始。如果说雕塑起源于对骨、石的选择，那么建筑就是利用骨头构造的巨大雕塑。建筑是

动物构造到建筑的转化

图 9 猛犸象的骨骼与帕特农神庙

雕塑的巨大形式，源于对动物骨头的发现，就像如今雕塑摆脱实体进入空间状态。

早期人类的视角从微观过渡到宏观，在山洞时关注如肖维洞窟中熊头的小骨头雕塑，走出山洞后，视野扩大，骨头成为具有空间性特征的产物。建筑和雕塑的区别主要在于尺度。

雕塑回归到史前文化初期状态，促使我们重新思考其存在和作为艺术的价值。猛犸象住宅体现了建筑和雕塑的直接关系，其建筑部件既是天然象骨，也是天然雕塑，具有审美价值。建筑结构是动物结构的直接转换，使建筑与自然生物对话，也为建筑和雕塑的相互转化提供了原初表达。

综上所述，雕塑作为三维物体，当作为"对象物"摆放时，就成为审美对象。

第四部分
思考的延伸

对固化着的生命形态——骨头的再凝视

19世纪以来，考古的发现使得一批艺术家开始关注洞窟。如高迪在建筑中所表达的洞窟与骨骼的关系，表现出对远古的追思，特别是塞尚的绘画，试图追溯人类史前状态的风景。

人类与动物的骨头一直保有某种特殊的关系，儿时曾经玩的"嘎啦哈"[1]，就是羊膝盖骨和猪蹄骨。玩具本身有一种天然的肌理和形态，记得有的时候把它涂成铁红色。同时，骨笛、骨哨也是一种远古遗存。又如牛的肩胛骨，至今在中国的内蒙古一带还保持着肩胛骨不能够完整保留、搬家时必须要把它敲碎才能离开，且晚辈不能在长辈面前啃牛胛骨的民间风俗。

除了骨头和宗教之间的关联以及骨头本身的神秘性，在今天的雕塑中仍然可见习惯使用白色的石膏可看成是对骨石运用的远古记忆表达。而建筑师在建筑中采用白色同样是期待让建筑脱离大地、脱离日常，是一种凝视的观念表达。

动物骨骼本身是一种生物形态，这种形态表现在其造型是由某种生命的需求特征而形成的，因而其形态本身也符合着生命生长的内在规律，符合生命生长的富有规律性的美学。

动物骨头本身是一种天然雕塑品，它为大自然提供了多种可能性。人类对其观察，将其作为某种可使用或某种审美"对象物"时，雕塑就产生了。我们今天所看到的首饰、建筑和雕塑，甚至锅碗瓢勺等所有可以作为三维对象而存在的物体，其实都可以称之为雕塑。而雕塑和日用品的转化关键，就在于台面。

[1] 源自满语，一种传统的民间玩具

40

台面的出现其实才是艺术家作品和普通人作品的真正区别所在。比如今天放在美术馆中展出的一些出土文物，原本就是一些日常使用的对象物，可一旦这些"对象物"摆放在台子上，摆放到被命名为美术馆的房间里，它们便成为被观赏的对象物。

将普通的对象物放到博物馆实际上是一种隔离的行为。隔离造成一种不可及的状态，是一切神秘的开始，也是成为艺术的最重要转换点。

明确了这一点，我们不妨想象自己回到原始社会状态，吃饭时，骨头扔得满地都是，周围堆满动物骨头。今天，我们已经不可能有满地堆牛羊骨的状态，但是餐桌上还会有动物骨头的残存。它们其实是一种重新发现和一种起源的状态。从猪蹄的骨头中，我发现了"维纳斯"的存在。

图 10 是我从啃完的猪蹄骨里寻找出的"维纳斯"，是我的一种远古想象。仔细观察，猪蹄骨里有不同尺度的"维纳斯"，我们依照"凝视"的原理，将这些骨头摆放到台子上，瞬间形成凝视。凝视的瞬间，雕塑便完成了。

上述这一场景可看作 3.5 万年前肖维洞窟中的场景再现。当对扔在餐桌上的骨头（那些日常的垃圾）重新挑选，并即兴将其放到另一个位置——不同于扔骨头的餐桌上，如摆放到如肖维洞窟中那个台子上，瞬间在产生"距离感"的同时进入了"凝视"的状态。过程中，"凝视"作为一种观察方法，为日常的发现带来无尽的乐趣。饭桌上的观察，周围的废弃骨头成为雕塑的一种制作方法。

图 10 "雕塑的起源"系列中的"维纳斯"雕塑

我们进一步将这种雕塑进行 3D 扫描，可以进行任何尺度的放大，而这种放大，是新的 21 世纪的雕塑的开始。

从任意"形态"出发的"雕塑"与"建筑"

古典艺术时期，人类开始追求一种写实的状态，如古希腊、古罗马的雕塑是在模仿"对象物"——将人作为主要表达，并能够将人物雕刻得惟妙惟肖。而史前时期，当人类还不具备这种写实能力时，他们只能使用自然界中的骨头、石头或在上面稍做修改和增加装饰。目的是使用自然界中骨头或石头等物质来进行抽象地比喻，这种比喻的过程就是对这些原本无意义自然存在着的骨头或石头进行形态赋予意义的过程，我们可以称之为对形态进行"观念赋予"的过程。

再看古典艺术时期那些用石头惟妙惟肖地雕出的"对象物"——人物等形态，其实已经不需要进行"观念赋予"，因为那些雕塑已经如同 3D 扫描和打印一样的写实。然而一旦借用 3D 扫描和打印技术便可以达到具有高度写实能力的时候，如同 19 世纪末、20 世纪初期因照相技术出现引起绘画的变革，史前时期的"选择"和"观念赋予"方式或许可为未来的雕塑创作带来更多的可能。

有了上述的基本理解，当我们再看石器的时候，想到原始人开始制作石器的时候并不是为了做出雕塑，却成为雕塑供人欣赏时，石器本身也就同样可以被视为建筑。

建筑和雕塑之间的转换，其实就是尺度的问题。一个石器或骨头，可以看作雕塑，但放大 200 倍，变成 1:200 的比例，就成为建筑，人就可以住进去。

灵活运用比例尺是建筑学里一个非常重要的手段，尽管雕塑家应该也有将作品放大几倍的思考，但比例尺还引发了一个重要的概念，即"尺度"。尺度是一个重要的道具，它可使雕塑和建筑之间的界限消失，使二者合一。

"盲目"的雕塑与"盲目"的设计的引申

前面谈及凝视与雕塑的产生过程，这种凝视其实是雕塑的原点，一种将对象物对象化、艺术化的原点。后来的一切，都源于这种凝视，从太湖石到杜尚的即成品都是。而这种凝视、盲目的状态，使雕塑在一塑一捏间形成。图11正是这样的过程：当一张纸在手中随意一团之后，形成的形态是建筑，其内部的空间是建筑。在这一团一捏之间，一个艺术的形式空间就诞生了，而这种一捏一展形成的空间，就是"盲目"建筑设计的开始。

今天，3D打印技术的出现，不仅使雕塑拓展出新的可能，同时也让建筑形态变得更加自由，拥有更多的可能性。当采用3D打印便可完成一个房子，那么一块骨头的形态就可能是一个未来建筑的模型，捏一个纸杯或许就完成了一个建筑的设计。当我一捏建筑形态就完成的时候，建筑学和雕塑之间的关系就拓展了。这恰恰还原了人作为建筑本体的精神。

在新技术、新时代下，探讨对象物和人身体的关系是AI时代创作雕塑的一种新的可能性，也是建筑学领域的新拓展。因为早期人类盖房子靠步量（横着走几步，侧着走几步），

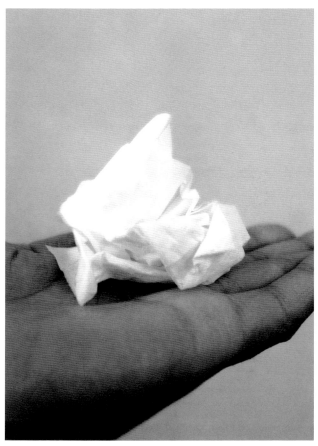

图 11　当一张纸在手中随意一团之后，形成的形态就是建筑

依靠人的尺度盖房子，后来借助工具使人的空间概念、身体被逐渐放大。前文所提到的人类早期直接选用象牙骨作为房屋，实际上就是雕塑概念的呈现。

AI 技术出现并发展到如同相机出现让所有的具象绘画沦为技巧性表达的时候，艺术的价值、绘画的价值还是什么？雕塑的价值何在？建筑学专业同样，什么是建筑？什么是房子？这些问题如果没有深入地讨论，对未来就会感到很茫然。这本书讨论的内容或许有可能是一个开端，是 AI 时代建筑与雕塑再度握手的开端。

依上述理解，我们对周围一切的观察将会发生变化，比如陶罐也是一种雕塑，日用品都是艺术作品。由于门类繁多，雕塑原本的概念将会细分出诸多的小概念，并不断细分，最终变成一棵枝繁叶茂的"大树"。尽管如此，这一切归根结底由"雕塑起源"衍生而来，是从人出发，是将不同的对象物放置在不同层面和不同尺度上进行思考。因此这里所说的雕塑起源，并不是泛指今天艺术学院里所说的雕塑，而是从更广泛的视角——雕塑的意义着手，进而获得一个新的雕塑概念，获得一种对雕塑的全新认知。若想达到这种目的，必须溯本求源，重新想象人类史前时期，理解雕塑产生的动机和意图，重新审视我们今天的繁杂一切，最终归结为人的思考，重新唤醒人的价值及人与对象物间的关系，唤回"人的思考是所有一切万物变换的一种根源"理念。

附录

图片来源

（1）图 1 源自德国导演沃纳·赫尔佐格（Werner Herzog）
　　纪录片《被遗忘的梦的洞穴》（*A hole in a forgotten dream*）
　　2011.
（2）图 6 源自《半坡遗址》日文版／吴晓丛主编；郭佑明摄影
　　中国民族摄影艺术出版社，1994.

作者简介

王昀 博士

　　艺术家，作品涵盖建筑、雕塑、壁画、油画、空间装置等。威尼斯国际建筑双年展等国内外多项建筑和艺术展参展，出版有《无视觉绘画》《划痕》《观念中的几何形》《聚落平面图中的绘画》等学术著作。代表作品有作为盲目绘画的"划痕"系列、在二维平面上进行高维度表达的"立起主义"系列、"方'像'"系列、"'0'的肖像"系列、"知觉中的方体空间"系列、"黑洞"系列、"'气''眼''孔''窍''穴'"系列、"绿色的凝状"系列、"雕塑的起源"系列、"柱式Order"系列、"描红"系列、"白描"系列等。

图书在版编目（ＣＩＰ）数据

雕塑的起源：自由的眼睛与自由的选择／王 昀著.
北京：中国电力出版社，2025.6.　ISBN 978-7-5198-9857-1

Ⅰ.TU-0

中国国家版本馆CIP数据核字第2025237MW9号

出版发行：中国电力出版社
地址：北京市东城区北京站西街19号 （邮政编码 100005）
网址：http://www.cepp.sgcc.com.cn
责任编辑：王 倩（010-63412607）
责任校对：黄 蓓 马 宁
封面设计：方体空间工作室（Atelier Fronti）
版式设计：宁 晶
责任印制：杨晓东
印刷：北京雅昌艺术印刷有限公司
版次：2025年6月第一版
印次：2025年6月北京第一次印刷
开本：889mm×1194mm 32开
印张：2 印张
字数：47 千字
定价：58.00元